动物睡觉
有讲究

[捷克]彼得拉·巴尔季科娃（Petra Bartíková） 文
[斯洛伐克]卡塔琳娜·马楚罗娃（Katarína Macurová） 图

韩颖 译

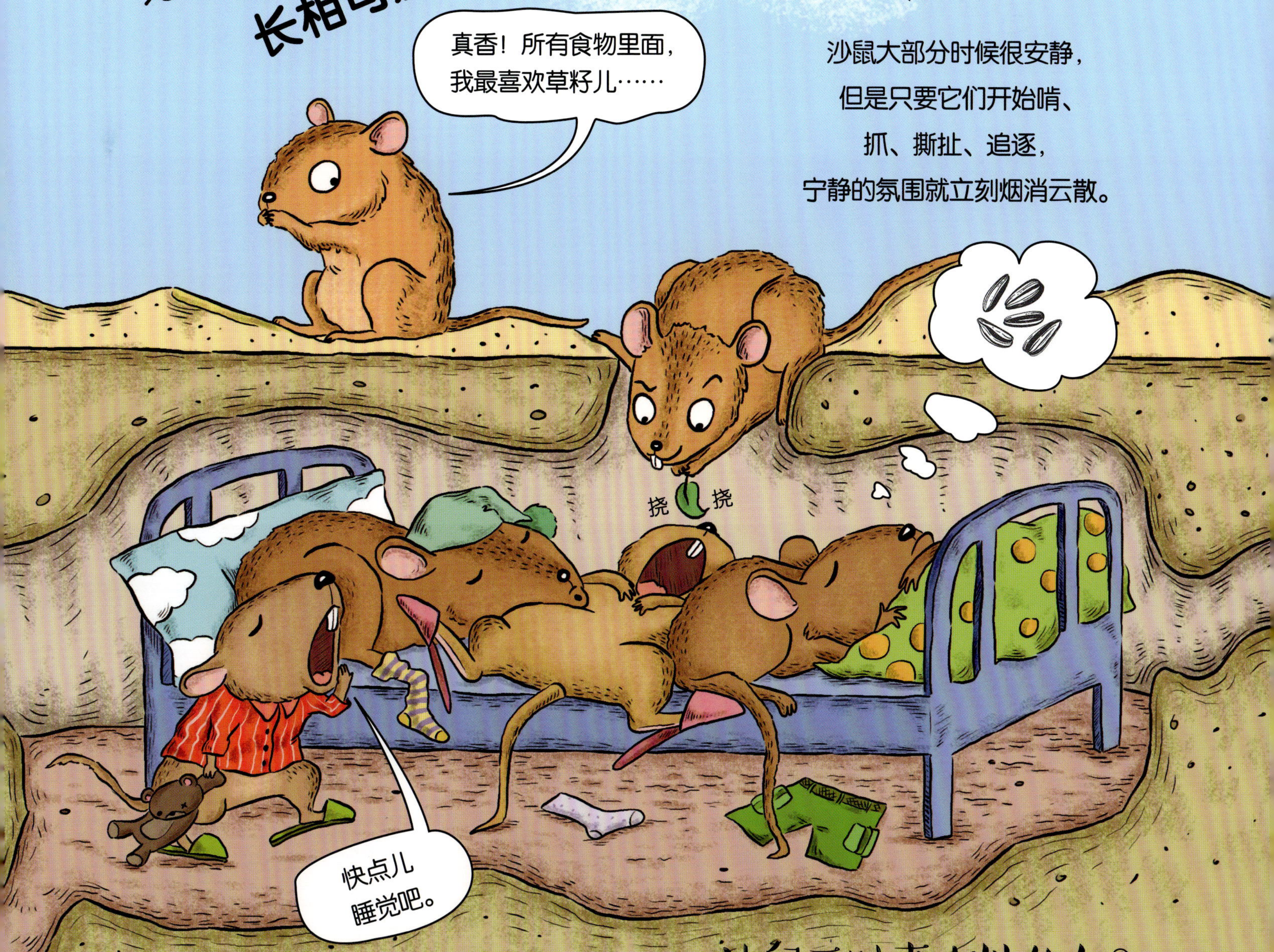

海豹能听到声音吗？

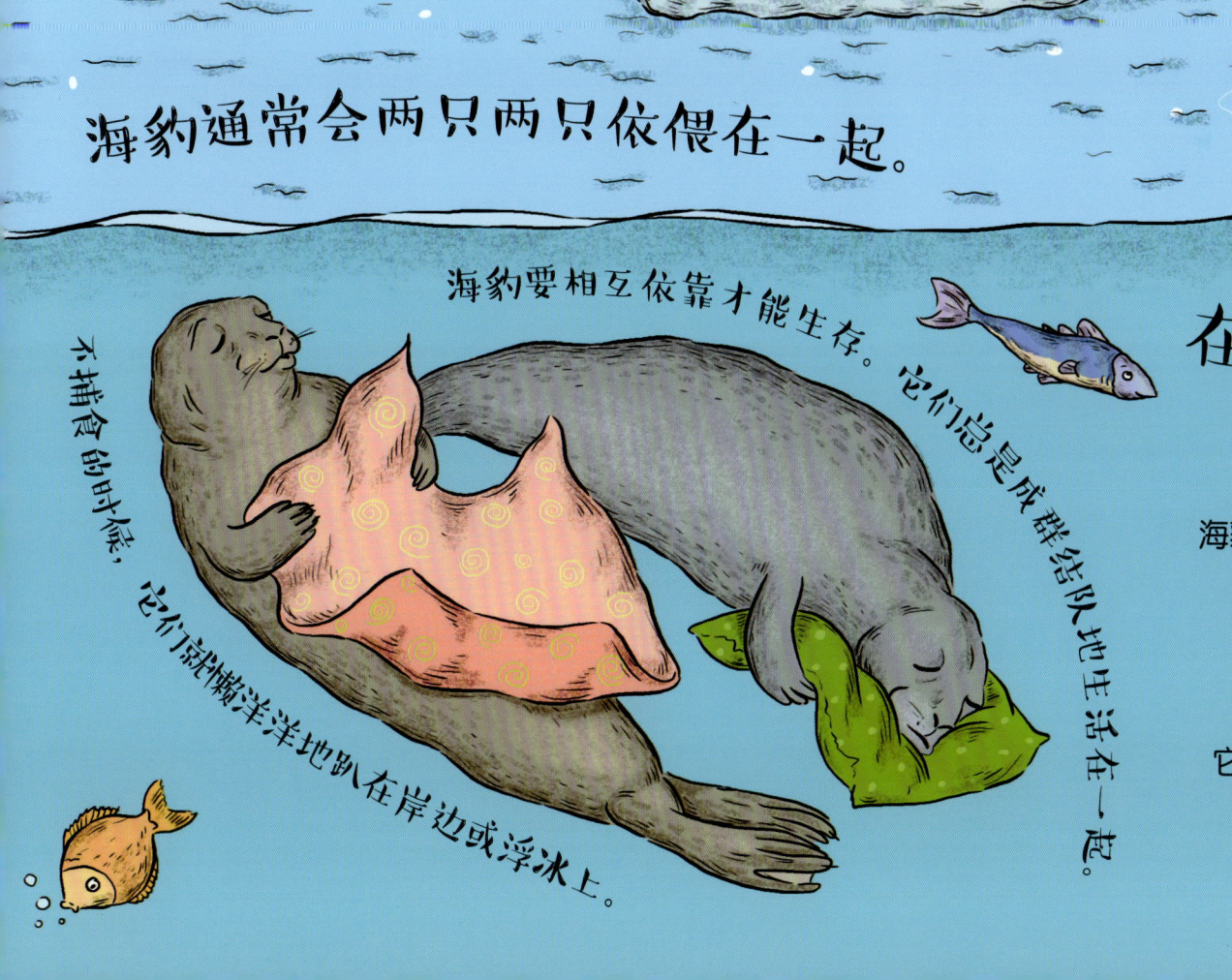

海豹的耳朵在哪儿？

海豹的耳朵隐藏在眼睛的后面，上面覆盖着皮肤，可以防止水流进去。

好困！

到了陆地上，海豹就滚动身体前行，或者匍匐着前行。

海豹通常会两只两只依偎在一起。

海豹要相互依靠才能生存。它们总是成群结队地生活在一起。

不捕食的时候，它们就懒洋洋地趴在岸边或浮冰上。

在深深的水下，

海豹可以连续捕食45分钟左右，不用换气。需要呼吸时，它们可以轻松地浮出水面。

19

图书在版编目（CIP）数据

动物睡觉有讲究 /（捷克）彼得拉·巴尔季科娃文；（斯洛伐）卡塔琳娜·马楚罗娃图；韩颖译. — 北京：北京联合出版公司，2020.1（2020.10重印）

ISBN 978-7-5596-3798-7

Ⅰ.①动… Ⅱ.①彼…②卡…③韩… Ⅲ.①动物 – 儿童读物 Ⅳ.①Q95-49

中国版本图书馆CIP数据核字（2019）第243482号

How Animals Sleep
© Designed by B4U Publishing, 2017
member of Albatros Media Group
Author: Petra Bartíková
Illustrator: Katarína Macurová
Graphic design: Martin Urbánek
www.b4upublishing.com
All rights reserved.

Simplified Chinese edition copyright © 2019 by Beijing United Publishing Co., Ltd.
All rights reserved.
本作品中文简体字版权由北京联合出版有限责任公司所有

动物睡觉有讲究

文：[捷克] 彼得拉·巴尔季科娃（Petra Bartíková）
图：[斯洛伐] 卡塔琳娜·马楚罗娃（Katarína Macurová）
译　者：韩　颖
出 品 人：赵红仕
出版监制：刘　凯　马春华
选题策划：联合低音
责任编辑：李秀芬
装帧设计：聯合書莊

关注联合低音

北京联合出版公司出版
（北京市西城区德外大街83号楼9层　100088）
北京联合天畅文化传播公司发行
北京华联印刷有限公司印刷　新华书店经销
字数10千字　889毫米×1194毫米　1/12　3印张
2020年1月第1版　2020年10月第2次印刷
ISBN 978-7-5596-3798-7
定价：50.00元

版权所有，侵权必究

未经许可，不得以任何方式复制或抄袭本书部分或全部内容
本书若有质量问题，请与本公司图书销售中心联系调换。电话：（010）64258472-800